瞬间

——用镜头留住长江濒危动物

IN A TWINKLING

KEEPING THE ENDANGERED ANIMALS IN THE YANGTZE WITH LENS

高宝燕　张先锋　王小强　著

By Gao Baoyan, Zhang Xianfeng and Wang Xiaoqiang

科学出版社

北京

瞬间——用镜头留住长江濒危动物
IN A TWINKLING——KEEPING THE ENDANGERED ANIMALS IN THE YANGTZE WITH LENS

策　　划：张先锋

作　　者：高宝燕　张先锋　王小强

科学顾问：王　丁　王利民

整体设计：苏　波

图文制作：武汉达美平面设计有限公司／成　健

图书在版编目（CIP）数据

瞬间：用镜头留住长江濒危动物／高宝燕，张先锋，王小强著.
—北京：科学出版社，2008
ISBN 978-7-03-022289-3

Ⅰ.瞬…　Ⅱ.①高…②张…③王…　Ⅲ.长江流域-珍稀动物-图集　Ⅳ.Q958.52-64

中国版本图书馆CIP数据核字（2008）第084 48号

责任编辑：张颖兵／责任校对：梅　莹
责任印制：彭　超／封面设计：苏　波

科学出版社 出版
北京东黄城根北街16号
邮政编码：100717
http://www.sciencep.com
武汉中远印务有限公司印刷
科学出版社发行　各地新华书店经销
2008年8月第一版　开本：210×240
2008年8月第一次印刷　印张：11
印数：1—4000　字数：116 000
定价：80.00元
（如有印装质量问题，我社负责调换）

谨以此书献给
关注中国长江濒危动物并为此付出辛劳的人们!

前　言 PREFACE

照相机真是个伟大的发明，它就像时间显微镜一样，把活的、连续的事情分段、切片和定格，把瞬间留下来，让你能够慢慢品味、观察和欣赏。是啊，历史上多少大大小小的事情，多少个瞬间需要固定，需要回味，需要品尝。在历史的长河中，恐龙尽管称霸地球达一亿多年，现在看来不过是很久以前的一个瞬间。只可惜，那时候没有照相机，没有镜头能够留住那一个个瞬间，现代的人们只能够通过化石来研究、描述、想象和欣赏那个时代的一个个瞬间。

今天，让我们把镜头投向长江，聚焦长江中美丽的生灵——白鱀豚、江豚、中华鲟和扬子鳄。这些生灵都是珍稀物种，它们正在从长江中，从我们的生活中消逝。它们的美需要我们及我们的后代去鉴赏，去回味；它们的忧需要我们去研究，去解除，因为正是我们人类给它们带来了忧，导致它们的消逝。我们用镜头记录了这些生灵的一个个瞬间。这些瞬间有的是正在发生的美丽或忧伤，有的是已经逝去的美丽或遗憾。通过这一个个瞬间，透过镜头，我们以及我们的后代可以欣赏到长江及长江生灵的美，可以感受到长江生灵和长江的忧，还可以启发我们去反思我们的环境道德和地球行为准则！

参与本书文字准备的还有李海燕、张培君、姚志平、王先艳、董首悦、黄亚东、张晓雁。还有一些没有提到的人们也为本书提供了图片和资料。中国水产科学研究院长江水产研究所、北京海洋馆、安徽省扬子鳄繁殖研究中心、宜昌中华鲟研究所为本书照片的拍摄提供了协助。没有他们的贡献，本书中的一个个瞬间就无法呈现。

瞬间，一个个瞬间。让我们一起来欣赏这一个个瞬间。

2008年7月7日

目 录 CCNTENTS

白鱀豚篇

BAIJI

白鱀豚（baiji，*Lipotes vexillifer*），我国特有的水生哺乳动物，仅生活在长江里。她的存在可以追溯到中新世和上新世。虽然经历了漫长的历史进程，但是她依然保留着2000多万年前的一些古老生物的特征，被称为"活化石"，一直受到国内外学术界的高度重视。有人称之为"长江中的大熊猫"，是我国的国宝之一。

在古代，白鱀豚丰腴的体态和优美的泳姿，得到了许多诗人、学者的关注，各种辞赋中都不断出现赞誉她的优美诗句。更因为她的活动可以预测天气变化，而被沿江的渔民们尊称为"长江女神"。

在现代，人口的急剧增加和科技的飞速发展没有使白鱀豚也随之获益，反而遭到了灭顶之灾。越来越多的人开始关注她，竭尽所能地来保护她，但是结果呢？……

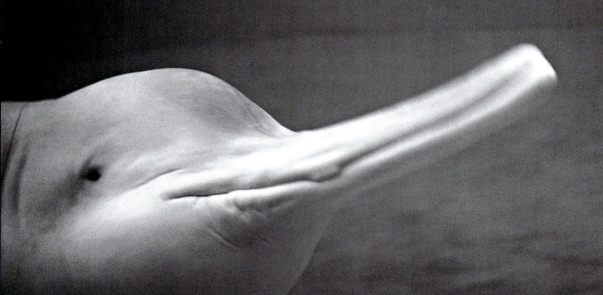

白鳖豚的出现，就像一亘闪电划破了如镜一般的江面（1987年，长江观音洲江段）

白鱀豚的传说与命名

　　我们生活在长江里，听妈妈的妈妈说我们的故乡在遥远的大海，后来我们才搬到长江里来，因为我们更喜欢长江，当然也有其他的同胞们去了不同的地方，这些我都记不清楚啦。

　　人们对我们最早的描述是在2000多年前的秦汉年间写成的《尔雅》一书中，上面记载的是"鱀是鱁"。很显然，当时人们把我们当成鱼了。晋朝学者郭璞为《尔雅》作注时对我们描述包括：鱀鳍属也……胎生，健啖细鱼，大者长丈余，江中多有之。胎生说明人们已经把我们同鱼类区别开来，而且可以看出当时我们的家族人丁兴旺。从唐代时候已经有文献记载，把我们同我们的近亲江豚——生活在长江里的另外一个外族，区分开来。

　　我们在暴风雨来临之前喜欢频繁地出水活动，人们掌握了我们的这一特性后，根据我们的行为预测天气变化。关于这件事情，我们是从宋代孔武仲的《江豚诗》里知道的。因为我们的行为能够帮助人类，所以人类对我们非常友好，我们也同样喜欢跟人类打交道。

　　妈妈还给我讲过一个关于我们祖先白秋练奶奶的美丽爱情故事：据说秋练奶奶爱上了一个叫慕蟾宫的人类，后来他们克服了种种困难，终于在一起过上了幸福的生活。白秋练奶奶因为她的勇敢和对爱情的执著追求而被后人尊敬。

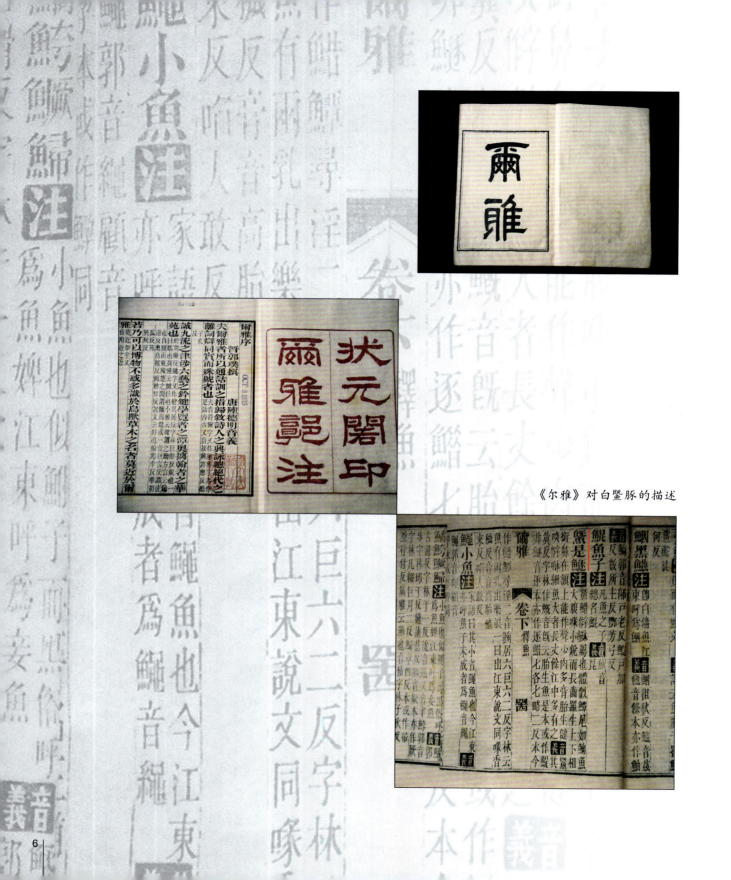

《尔雅》对白鱀豚的描述

国外最早记载我们的是A.E.Pratt。1892年记述长江旅行见闻的 "To the Snows of Tibet through China" 一书里面就已经有对白鱀豚的记载。

西方人采集到白鱀豚标本，并正式科学命名是20世纪初的事。1914年美国的Hoy在洞庭湖获得一头雄性白鱀豚的标本，他将该标本的头骨及颈椎送到美国华盛顿国立博物馆保存。这头标本作为白鱀豚的模式标本，编号为USNM218293。

1918年Miller根据Hoy采的白鱀豚模式标本，经研究后命名为 *Lipotes vexillifer* Miller, 1918。

在国内，1979年科学家们对白鱀豚的骨骼系统作了较为细致的工作，并与恒河豚、亚河豚和拉河豚作比较，提出淡水豚类应列为淡水豚总科(Platanistoidea)，而白鱀豚具有淡水豚总科祖系衍征，所以它应属于该总科；但形态结构特别是骨骼结构的比较，不属于现已确认的现存科——恒河豚科、亚河豚科、拉河豚科中的任何一科，为此应将白鱀豚另建一新科，即白鱀豚科(Lipotidae fam. nov.)，白鱀豚属(*Lipotes* Miller, 1918)。1982年人们重新从骨骼、呼吸器官和消化器官对四类淡水豚进行了比较，建立了淡水豚分类系统：

鱀豚总科 Platanitoidae

亚鱀豚科 Iniidae　　　　白鱀豚科 Lipotidae

海鱀豚科 Pontaporiidae　　恒鱀豚科 Platanistidae

从这一点可以看出，如果有一天我们从这个地球上消失了，不仅仅是一个物种的消失，而是动物分类上一个科的消失啊！

白鱀豚的头骨

在沙洲边摄食的白鱀豚（1980年，长江洪湖江段）

与人类和谐相处（1985年，长江石首江段）

在巨大的轮船面前，白鱀豚显得那么无助（1988年，长江洪湖江段）

水上交通工具日益先进、日益增多，白鱀豚极力躲避着人类的喧嚣（1987年，长江洪湖江段）

夕阳下的白鱀豚和即将收获的芦苇，构成一幅秋季美景（1988年，长江监利江段）

淇淇的故事

真正让人类认识白鱀豚的是"淇淇"。

1980年1月11日湖南城陵矶水产收购站将一头因搁浅受伤的雄性小白鱀豚送给了中国科学院水生生物研究所的白鱀豚研究组。

当时正值严冬季节，在雨雪交加中他被送到了一个小鱼池里，从此开始了他最有意义的生命历程。

他是带着伤来到这里的，面对着那些陌生的面孔，幼小的他茫然不知所措。

第一天，他不敢靠近，虽然很饿，虽然那些鱼儿很诱惑，但是头部、颈部的伤痛时刻在提醒着他，危险！

第二天，他依然在远离人的地方活动，饥饿时刻在袭击着他的胃，头部、颈部的疼痛依然存在，周围的那些面孔变得和善了，似乎还有些急切，但他还是不敢靠近！

第三天，饥饿开始更加剧烈地袭击着他的胃，"淇淇"甚至已经无法控制身体的平衡了。于是他开始试着接近那些鱼。先用嘴接触一下，然后迅速地游开，好像没有什么危险发生！

再试一下！

噢！终于抢到了一条！赶紧找个安全的地方……

吃下了第一条鱼，第二条、第三条……"淇淇"似乎被美味打动了，开始试着吃训练员手中的鱼了……

心里依然是怯生生的，周围没有熟悉的同类，没有熟悉的声音，也没有广阔的水域，只有一个小池塘和围着他的一群人，日夜不停地在他周围，说着他无法明白的话，他们给他试着各种进口的西药，还有传统的中药——云南白药，请来了著名的外科大夫会诊，帮他治疗头部、颈部的伤，甚至还做了专门的小背心给他。传统的云南白药再次展现出它的神奇，经过四个多月的精心治疗，"淇淇"的伤口慢慢愈合。在这100多个日日夜夜的朝夕相处中，"淇淇"终于接受了大家，开始积极配合人类的各种治疗和研究。

"珍珍"和"联联"（1986年）

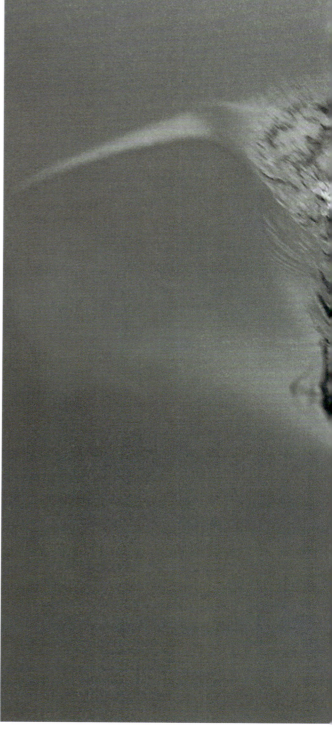

愈后的"淇淇"

两头白鳖豚在逆光下若隐若现（1989年，长江八里江段）

江中的白鱀豚与江边的农舍相映成趣（1989年，长江八里江段）

嬉戏中的"淇淇"与"珍珍"（1988年）

很快夏天来了。武汉真不愧是火炉啊。空气中好像着了火似的，一出水就是热辣辣的。池塘里的水温都超过30℃了，而长江中上层的水温最高才是25℃。

　　烈日下"淇淇"开始游泳无力，连鱼也不吃了。

　　一卡车冰块丢进池塘，温度一降了0.5℃，不行！

　　把池塘的进水管打开，似乎好一些，在开放的水流中，"淇淇"可以随时冲冲凉水澡，好惬意啊！

　　噢，还有清凉解暑的藿香正气丸！这两种方法就让"淇淇"安全地度过了夏天！

　　夏天不好过，冬天同样也很难过！

　　大雪纷飞中气温降到了-5℃，到处都是冰雪。为了使池塘不结冰，人们买来了报废的降落伞，围在池塘周围，日夜轮流守护。

　　就这样"淇淇"在痛苦中和人类一起度过了第一个年头！

　　刚开始一起生活，大家都互相不了解。"淇淇"也会突发很多意外，各种皮肤问题、消化问题不断出现。常常使周围的人们一筹莫展，最后还是通过兽医和医院的医生们一起协商解决了一个又一个难题。

　　慢慢地互相了解了，"淇淇"也顺利地融入了大家庭中！通过每月一次的体检，研究人员了解了"淇淇"的健康状况，通过血液化验知道了他的生长发育情况。同时围绕"淇淇"的各项科学试验也在加速进行着。

　　一篇篇科研论文，一项项科研成果，都一一印证着各位研究人员为人类更好地了解白鱀豚、保护白鱀豚所做出的不懈努力。

　　很快，6年过去了，"淇淇"也变成了一个年轻活泼、健康帅气的"小伙子"。

　　新的问题又出现了：该为"淇淇"找个伴了！

　　人们经过各方面的努力，终于在1986年找到了父女俩"联联"和"珍珍"，并及时地送到了"淇淇"的身边。但是父亲"联联"一直无法适应新的生活环境，只在池塘中生活了76天就匆匆地离去。而年幼的"珍珍"在磨合了两个多月后，终于跟"淇淇"生活在了一起。好景不长，1988年9月"珍珍"因环境恶劣，患上了间质性肺炎，离开了！

　　此后，"淇淇"又开始一个人孤独地生活！

在各方面的努力下，在外国朋友的无私帮助下，1992年11月具有世界最先进水平的淡水鲸类动物饲养馆在白鱀豚研究基地建成了。

在艰苦的生活环境中艰难生活了13年的"淇淇"终于能有一个专用"高级公寓"了，在恒温清洁的水中生活的愿望，终于实现了！"淇淇"终于不用继续忍受严寒酷暑的折磨了！

不仅"淇淇"搬进了新居，日夜陪伴他的研究人员们也拥有了宽敞的实验室、办公室、标本室和学术报告厅。一个崭新的集研究、教育、展览为一体的白鱀豚和江豚研究基地建立起来了！对白鱀豚的研究工作进入了一个全面展开的崭新阶段！

移居白鱀豚馆内的"淇淇"

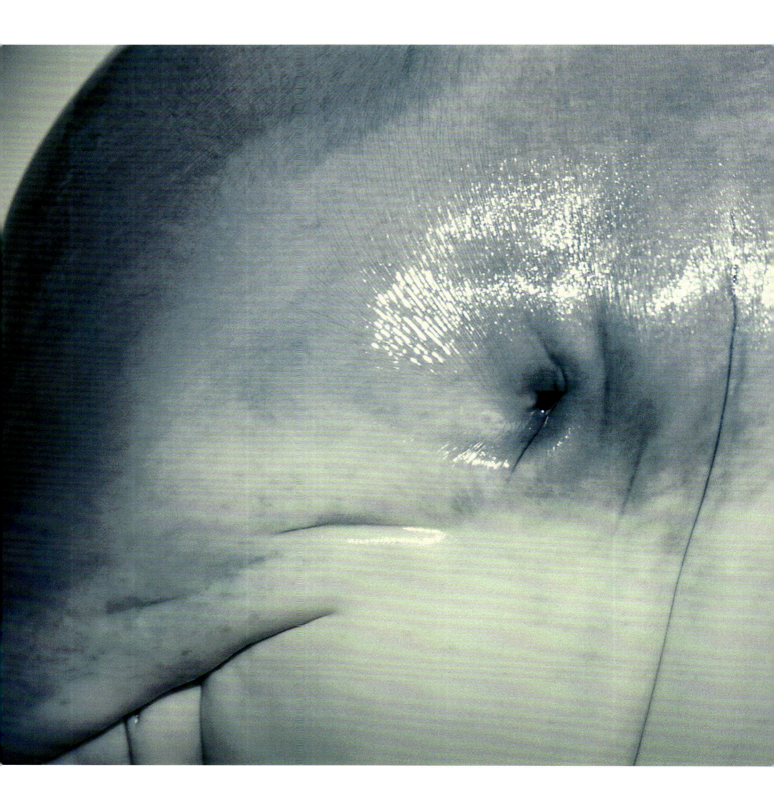

　　"淇淇"长得像鱼，但不是鱼。和所有的哺乳动物一样，他是用肺呼吸、胎生。

　　"淇淇"只吃淡水鱼，如鲤鱼、鲫鱼，对其他食品一概不感兴趣，而且很挑剔。有时鱼瘦一点，或者冰冻过的、不太新鲜的，他一下就能尝出来，并毫不犹豫地丢掉。

　　"淇淇"很聪明，有很强的辨别是非、学习和记忆的能力。这在日常的训练中就可以看出来。

　　"淇淇"的视觉功能已经大大地退化了。因为生活在长江里，几千年来混浊的江水已经使其老祖先们的眼睛成了摆设。

　　"淇淇"是靠声音来"看"东西的。他利用鼻道下部的前额囊内的三对气囊发声，这种声音发出的声波就是"淇淇"所特有的声呐系统。通过声呐他可以发现障碍物，甚至能够辨别不同形状的物体。

　　"淇淇"是用嘴巴听声音的。他的外耳只剩下针尖大小的孔，已经失去了原有的功能。他是利用口腔内颌腔中的脂肪将声音传到内耳的。

壮年白"淇淇"（1992年）

　　就这样在相互接触中，人们逐渐了解了"淇淇"，通过"淇淇"也了解了白鱀豚。同样地，"淇淇"也习惯了和人类一起的生活。

　　"淇淇"是孤独的，但是他很顽强！相比其他的同类，他也是幸运的！他享受了人类特有的关心爱护，避免了像同类一样在江中时刻被人追逐侵害的厄运！

长期孤独的生涯中，充气球与泳圈等成了"淇淇"的"伙伴"

就这样，直到2002年7月14日，一个令人难忘的日子！

早晨，当人们发现时"淇淇"已经躺在池底，闭上了眼睛！

在和人类朝夕相伴了23年的岁月后，"淇淇"离开了！

在水中，孑然一身地度过了23年的岁月后，"淇淇"累了，休息了！

可爱的人类 可怕的人类

对了，忘了做自我介绍，我是一头幼年的白鳍豚，孤独生活在繁忙的长江中。我还在吃奶的时候，就喜欢听妈妈和奶奶给我讲故事。从她们的嘴里，我了解到，在她们小的时候，人们把我们白鳍豚当做可以预知天气变化、保平安的神灵，对我们心存敬畏，爱护有加。那时候，我们在长江里成群结队，无拘无束。那时候的长江可真好啊，那时候的人真可爱啊！

可当我开始记事不久，爷爷奶奶先后离开了我。父亲在年富力强的时候就为了掩护我们母子而被人类的电捕鱼装置给杀害了。我们孤儿寡母艰难度日，不久，母亲也因心情郁闷、精神恍惚，一不小心被一艘巨轮的螺旋桨打死了，我不得不自谋生路。我们能够抓鱼的地方都被人们布满了渔网，密密麻麻，不但抓不到鱼，一不小心连我们自己也会被人们抓住。我不得不东躲西藏，抓点漏网的小鱼果腹。有时候，好不容易想到深水的地方撒一下欢，突然从远处传来巨大的轰隆声，人们驾驶着大大小小的轮船从我的头顶上掠过，川流不息。这些震耳欲聋的噪声，震得我头昏眼花，整天无精打采。唉，现在的长江可跟我奶奶告诉的长江不一样了，现在的人们也太可怕了！其实，我们的厄运远不止这些，我们的日子越来越艰难。

长江里的鱼越来越少了，我们的食物也越来越少。

长江加上沿江的支流和湖泊，组成了一个理想的生态系统，曾是我们家族生活的乐园。可现在，长江除了洞庭湖和鄱阳湖以外的湖泊都建了堤坝和闸门，它们把湖泊和长江隔断，使湖泊里的鱼不能到长江里产卵，而长江里的幼鱼不能到湖泊里去吃那里丰富的食物。久而久之，恶性循环，致使长江里的鱼越来越少。我们的同胞常常因捕不到鱼，无力避开湍急的水流，撞上障碍物而不幸身亡。

长江边生活着成千上万的渔民，由于长江里的鱼越来越少、越来越小，为了捕到鱼，他们千方百计地改进捕鱼的工具，甚至不惜使用一些明令禁止的、会对鱼类资源造成毁灭性破坏的捕鱼工具。例如，他们用一种叫做"迷魂阵"的捕鱼工具，把长江里各种各样、大大小小的鱼都收进预先设置的阵里。又如，渔民们常使用的电打鱼和炸药炸鱼，把所在范围内大大小小的鱼都杀死了。这样的恶性循环下，整个长江及各大型湖泊的鱼产量都大幅下降，如江苏省的鱼产量就下降了90%。我们每天都要吃较多的鱼，如果抓不到鱼，我们就会因饥饿而无法生存下去。

非法的渔业活动直接威胁着我们的生命。长江里有一种被渔民广泛使用的叫做滚钩的渔具，好几百米长，上面有成千上万的锋利的钩子，我们的很多同胞往往因为吃鱼儿而误被滚钩钩住导致无法出水呼吸，窒息死亡。20世纪50~60年代，在长江中约有100头白鳍豚死亡，45%就是死于滚钩的伤害。还有其他的不法渔具也会直接伤害我们。总之，由于渔业的误伤、误捕导致死亡的数量几乎占了我们死亡数的一半。

现在的长江和我们先辈所生活的宁静的长江截然不同了，每天都有数万艘船只在江面上航行。一方面占去了大部分水面，我们无处可避；另一方面船只发出的巨大噪音极大地干扰了我们的声呐系统，我们很多同胞就是因为噪声干扰而无法辨别障碍物，被螺旋桨划伤头部或身体而死，其状惨不忍睹。

　　不仅我们的生存空间被压缩了，栖息地也被破坏殆尽。大量的水利工程建设，一方面大大缩小了我们的生活场所；另一方面极大地改变了长江的环境，我们所喜欢的大洄水区逐渐消失。水位从原来的暴涨暴落到相对平稳，使很多产卵需要水流刺激的鱼类无法延续，这也给我们的生存带来了巨大的威胁。

　　繁忙的长江航运业大大地减少了我们的活动水域，而大量的挖沙船队则破坏了我们日常的栖息地，致使我们无家可归。

　　水体污染严重破坏了我们的生存环境，成为无形的杀手。科学家们研究表明，我们体内农药DDT的含量，是我们生活在海里的亲戚条纹原海豚的7~500倍！ 像这样的有害物质在我们的体内不断富集，最终给我们的健康带来危害。

　　长江的环境恶化，给我们带来了巨大的灾难，我们面临着灭顶之灾！

　　人啊人，真是一个难以理解的怪物！他们终于意识到是他们造成了我们今天的灾难！从20世纪70年代开始，开始有人关注保护白鱀豚的问题。多年来，很多的科学家致力于对我们保护的研究。他们不辞艰辛，一次次地考察取证，并广泛宣传保护的意义，发动人们来参与保护行动，很多的保护措施也纷纷出台。还有国外的专家，不远万里来到中国，到长江考察，到学校演讲、募捐。唉，有时候人类看上去也是挺可爱的。

在1986年，国际自然保护联盟下属的物种生存委员会把我们列为世界上最濒危的12种动物之一。同年，世界上首次"淡水豚类生物学和物种保护"国际学术会议在中国科学院水生生物研究所召开。会上，着重提出了白鱀豚的濒危状况和保护对策，专家们还提出了许多保护白鱀豚的方案和措施。

1989年白鱀豚被列为国家一级重点保护野生动物。鉴于我们家族成员越来越稀少，1992年在长江中游建立了湖北长江新螺段白鱀豚国家级自然保护区和湖北长江天鹅洲白鱀豚国家级自然保护区，2003年在长江中下游建立了安徽省铜陵淡水豚国家级自然保护区。这些保护区的工作人员都在为保护白鱀豚而努力。他们主要负责保护和管理保护区所在的环境。科学家们又心急如焚地开展保护研究，他们为保护我们付出了巨大的努力。

然而，长江是复杂的，保护长江，保护白鱀豚还需要更多的人的加入！

最后的希望之行
——2006年长江豚类考察掠影

　　我们的悲惨命运牵动着科学家们的心，引起了国内外鲸类科学家们的共同关注。白鳖豚作为世界上最濒临灭绝的鲸类物种，促使中外科学家克服重重困难，齐聚长江，对我们的生存状况和我们的家园——长江做了一次全面白科学考察。

　　2006年11月6日至12月13日，中国科学院水生生物研究所、长江渔业资源管理委员会和瑞士白鳖豚保护基金会等联合组织了"2006长江淡水豚类考察活动"，并调查长江水质。

　　11月6日，考察队从武汉出发，逆流而上，上行前往宜昌，然后再下行至上海长江口，再从上海返回武汉，单程约1700公里，全程3400公里，行程共计38天。

　　这次的国际性考察，被国际鲸类学界认为是淡水豚类考察中规模最大、专家力量最强、技术手段最先进的考察活动。本次科考集中了一批世界一流专家，比如，有个大胡子的美国人，是世界上顶级的鲸类考察专家，曾经在野外考察过70多种鲸类动物，到目前为止全球已认定的鲸类动物中，他大概只有4~5种没有见过，而江豚和白鳖豚就是其中的两种。

　　考察队由两条独立的考察船组成。考察采用了最先进的观测方法，包括目视观察法和声学观测法，几乎覆盖了白鳖豚曾经分布的全部江段。

11月18日清晨，两艘科考船从宜昌下行至武汉，停靠在武汉的长江江面上。此前的10多天里，科考队已完成了对长江宜昌至武汉段的考察，没有发现一头白鱀豚！看来白鱀豚实在太少，我们先辈曾生活过的地方很难再有白鱀豚的踪影了。

此番考察，科学家们动用了很多仪器，人们寄望于这些先进的设备能捕捉到白鱀豚的身影。在每艘考察船的船顶，有一座"高大"的双镜筒望远镜，镜身一米多长，底座将近一人高，通过它可以把6公里开外的江面看得一清二楚，考察员称它为"Big eye"。白鱀豚喜欢群体活动，每隔10~20秒钟就要到水面呼吸一次，因此科学家们可以用这种目视监测手段来考察。

除目视观察外，还有更先进的声学侦测。采用两个系统，一个系统监测白鱀豚的低频哨叫声，另一个系统是监测白鱀豚和江豚的高频"滴答声"。可以通过相关计算得到动物个体数量以及动物与考察船的距离等。

考察的另一项工作是对长江水质的调查，科考队特地请来了瑞士联邦水科学与技术研究所的两名科学家负责收集长江水样和河底淤泥，并会将调查结果将向全世界公布，所有相关政府机构和研究所都可以分享这些数据。科考队员们在艰苦的环境下仔细地搜索着白鱀豚的身影，下面的一些故事就发生在这次的考察活动中。

2006年11月28日早上9点左右，南京长江二桥附近，大胡子所在的"科考一号"正在靠长江南岸行驶，他在一公里外的北岸发现了可疑目标，马上通知了其他队员。"我发现那边有一个白色的动物，有可能是白鱀豚"，国际顶级的观鲸专家大胡子高兴地大声说到。

两分钟以后，考察船掉头到了大胡子所指的位置，休息中的观察员都调动起来，声学监听器也一直不间断工作，来来回回找了十多分钟，但没有发现白鱀豚，大胡子说的那个可疑物也没有被再发现。最后，考察队只好掉头继续按计划前进，大胡子留下了一脸的失望之色。

另外，考察队有专门的队员记录长江里过往的大型船只的数量。在经过鄱阳湖的时候，一个队员曾经数过那里的采砂船，数到1200艘的时候数不下去了，实在太多了，目不暇接啊。数据显示，在鄱阳湖口，最繁忙时每半分钟就有一艘大型运输船进出。

大胡子在描述过自己的考察经历时说："太可怕了！"他对长江的水环境表示惊叹，"这样的水里已经完全不适合豚类生活了"。

水质检测专家在考察即将结束时说："长江里已经没有多少浮游生物了。我曾经把一个专门打捞浮游生物的采集网放进长江里捞了10个小时，结果就捞出两只不到1厘米宽的小虾。很难想象这样的水能养活多少鱼。没有鱼，白鱀豚就得饿死。"

12月13日，考察结束了，大家非常失望。科学家们没有看到一头白鱀豚。我们已经难以在长江里继续生存了。

考察队伍一开始悲观预计白鱀豚的数量不超过50头。可当考察船从上海返回武汉时，科学家们痛苦地发现，这显然还是一个太过乐观的预测。这么大规模的考察居然找不到白鱀豚，这一结果对大家都是一个巨大的打击。另外，考察队员说："江豚的数量也很少，有时候一天时间也看不到一头江豚。"

令人欣慰的是这次考察引起了人们的广泛关注，他们也认识到了长江的恶劣环境所带来的危害，不仅是对我们的危害，也是人类自身的。如果任凭环境就此恶化下去的话，最终人类也会自食其果的！

就像100年前的一位印第安作家所说的那样：

　　人类必须如兄弟般善待地球上的百兽，

　　如果兽类离开了我们，

　　人类将因难耐的孤独而死去。

　　任何发生在兽类身上的事情，

　　不久必将落于人类。

　　万物皆相连。

江豚篇

FINLESS PORPOISE

　　江豚（finless porpoise，*Neophocaena phocaenoides*），俗称江猪、海猪。江豚是一种近岸分布的小型鲸类动物，海洋和淡水环境中均有它的存在。海洋中，它在北至日本、韩国沿岸，南至印尼爪哇群岛沿岸，西至波斯湾沿岸均有分布。淡水中，它在长江中下游也有分布。分布于长江中下游的江豚被称为长江江豚。一般认为，长江江豚是由海洋进入长江定居的，与白鱀豚相比，是后来者。因此，江豚的分类属于鼠海豚科，不属于淡水豚类，而长江江豚作为鼠海豚的唯一一个淡水亚种，在长江中休养生息，也是够特别的了！与白鱀豚的外形不同，长江江豚有着黝黑柔软的皮肤，流线型的身躯，迷人的眼睛，光滑而浑圆的小脑袋，没有背鳍，像个笨头笨脑胖小伙子。与白鱀豚一样，长江江豚面临着人类活动的威胁，数量正在急剧减少。如果说，白鱀豚已经"功能性灭绝"，那么，长江江豚还有救，亡羊补牢，为时未晚。

2

我来自大海 长于长江

  蓝色的海洋，生命的摇篮，亿万年生生不息，渐渐演化出了丰富多彩、绚丽夺目的生命世界。提起海洋我就更有话说了，虽说海洋是所有生命的老家，可是对我们江豚来说，有着更加深刻的记忆。人类征服大海也只有短短几百年的历史。我们江豚家族可是海洋里历史悠久的"弄潮儿"，千万年前我们就在大海里四处游弋、繁衍生息。

  相对于人类短短几千年的文明史，生活在长江里的我们可以说是老住户了。人类是我们的新邻居，过去的大部分时间里我们和睦相处。我们经常探出头来看勤劳的人们日出而作、日落而息，用双手改造家园；看渔舟唱晚、炊烟袅袅；看龙舟竞渡、锣鼓喧天；看烽火连天、历史兴衰。我们有时候也会跟在渔船后面拣两条漏网之鱼当零食。当然啦，我们也不是吃白食的，像白鱀豚一样，我们也可以充当渔民的气象台，如果即将发生大风天气，气压较低，我们的呼吸频率就会加快，以获得足够的氧气，头部露出水面很高，头部大多朝向起风的方向"顶风"出水，在长江上作业的渔民们把我们的这种行为称为"拜风"，有经验的渔民马上就知道有大风暴要来临，于是便不会冒险外出。虽然那时的人们科学知识有限，但已经对我们有了一定的了解，有诗为证：

江豚跃出水面划出漂亮的弧形（2008年，湖北长江天鹅洲豚类国家级保护区）

《江豚诗》 宋·孔武仲

黑者江豚，白者白鱀。

状异名殊，同宅大水。

渊有群鱼，掠以肥已。

是谓小害，顾有可喜。

大川夷平，缟素不起。

两两出没，矜其颊嘴。

若俯若仰，若跃若跪。

舟人相语，惊澜将作。

亟入湾浦，踣墙布筏。

俄顷风至，簸山摇岳。

浪如车轮，氛雾相薄。

舟人燕安，如在城郭。

先事而告，昭哉尔功。

鳄啖牛马，头象鼍龙。

暴殄天物，安得尔同。

于人无害，所欲易充。

暴露形体，告人以忠。

又多膏油，以助汝工。

江湖下贫，机杼以农。

鸟鹊知风，商羊识雨。

大厦之下，风雨何苦。

岂知舟航，方在积险。

以尔占天，菁蔡之验。

古之报祭，不遗微虫。

孰扬尔烈，登荐蜡宫。

世不尔好，复惟尔恶。

我作此歌，为昭其故。

　　人类与我们和谐共处，共同利用母亲河长江的动人故事在我们江豚的世界里代代相传、经久不息。那些美好日子由老一辈娓娓道来，渐渐地刻在我们的心里，融合在我们的记忆里，无数次出现在我们的梦境里。

伟大的母亲

　　我叫"淘淘"，我的妈妈"晶晶"经过11个月怀胎，于2005年7月5日23点56分，在武汉的白鱀豚馆里生下了我。我是在人工环境下出生的第一头长江江豚。辛勤的工作人员给我取名为"淘淘"，意为在今后的生活中能天天快乐地成长。

　　我的妈妈告诉我，她1999年就来到白鱀豚馆安家了，当时还只有一岁左右。经过几年的美好生活，她出落为一位美丽的少女。妈妈怀上我是在2005年4月，这个秘密很快就被人们通过激素监测和超声波检查发现。当时，妈妈体内激素比正常情况高了许多倍，每天食量由原来的3公斤鱼增至4公斤鱼。于是，人们对她昼夜观察护理、加强营养，终于盼来了我这个可爱的小宝宝。

　　在我出生之前，因为怕其他伙伴影响妈妈生产，科研人员把我妈妈和姨妈"滢滢"安排在一个水池里，而爸爸"阿福"和叔叔们则住在另一个池子里。我出生后，妈妈带着我等在两个池子相隔的栅栏处，让爸爸好好看看我。爸爸是1996年来到白鱀豚馆的，比妈妈早三年。经过几年的生活，和妈妈建立起深厚的感情。就在妈妈分娩的时候，爸爸在池子那边焦急地上窜下跳，生怕出现意外。

　　妈妈说，记得分娩前的一整天都没有胃口，即使面对最美味的活鱼，也提不起精神。看到她几乎一天没有吃东西，科研人员也意识到将有大事情发生，所以一直在岸边关注着她。

　　当太阳落山后，我在妈妈肚子里实在呆不住了，迫不及待地想出来。当时妈妈还没有过生产经验，很是紧张。她不停地在池底快速游动，频繁屈伸腹部，上升或者下降时一边回转一边腹部用力。借着妈妈游动的力量，我在妈妈肚子里也一次次不断向外冲击。

　　23点左右，妈妈感到体内一阵剧痛，拼命地在水里游动，不时还飞跃出水面。我慢慢地伸出了尾巴，可头还是没出来。此时，妈妈似乎太累了，慢慢地漂在水面，静静地呼吸，以恢复体力。大约过了10分钟，妈妈再次"飞奔"于水面上下，我也憋足了劲。终于，随着一片殷红在水中散开，我来到了这个世界上。

　　刚刚出生的我，本能地昂起头，冲出水面，呼吸到第一口新鲜空气。然而，刚出生的我，游泳能力实在不怎么样，不是撞到池壁，就是游到岸上。旁边的工作人员不知道是欣喜还是担心，全都在用手保护我。妈妈看着我笨拙地在水里挣扎，会心地笑了。她及时游过来，用头顶着我，用背驮着我，用鳍肢带着我，用身体护着我。很快，我就会跟着妈妈游动了。

刚出生第二天的"淘淘"怯生生地露出水面（2005年）

妈妈"晶晶"带领"淘淘"在池中游弋（2005年）

出生不久的"淘淘"很快地掌握了出水、转弯等技能（2005年）

母子情深（"晶晶"和"淘淘"，2005年）

游泳是学会了，不久肚子也饿了，要吃奶。可我还不知道怎么吃。妈妈见状游到我的前面，侧着身子，把乳头凑到我嘴前。随着妈妈的游动，有些乳汁已经流出来。我也本能地找到妈妈的乳头，狠狠地吸吮。妈妈每天都要像这样给我喂30多次奶。

我出生8天之后，也就是7月13日，表皮开始脱落。先是从嘴巴开始，接下来是腹部大片的皮肤。这可急坏了科研人员，经过他们分析，可能是生理性的脱皮，就像一些动物，出生一段时间后会换毛一样。原来是虚惊一场。

记得我刚刚出生时，尚不会发出回声定位信号，辨不清方位，常会游着游着就撞向墙去。有时跟着母亲，也会因方位感不清晰，而与母亲背道而驰。出生后第27天，我快满月了，我终于发出了回声定位信号，这个信号也很快被科研人员用仪器捕捉到了。从此以后，我就能够辨得清方位了。

"淘淘"吮吸着妈妈的乳汁（2005年）

刚出生的"淘淘"不能自如地运用声纳定位，它四处撞壁，磨破的小嘴巴被水泡成白色（2005年）

一转眼三个月过去了，我学到了如何呼吸、游泳、吃奶、导航，最重要的是，我今天开始吃鱼了！我用嘴衔着小鱼，用那还稚嫩的牙齿反复咬玩。嗯，味道还不错！

　　经过一年多的精心照料，我已经长大，能够独立生活了。我已经能够从容地进食饲养员喂的鱼，我长大了！

温馨的一家"四口"（此时妈妈已怀上了"乐乐"，2006年）

一岁多的"淘淘"非常淘气，妈妈温柔地教训它（2006年）

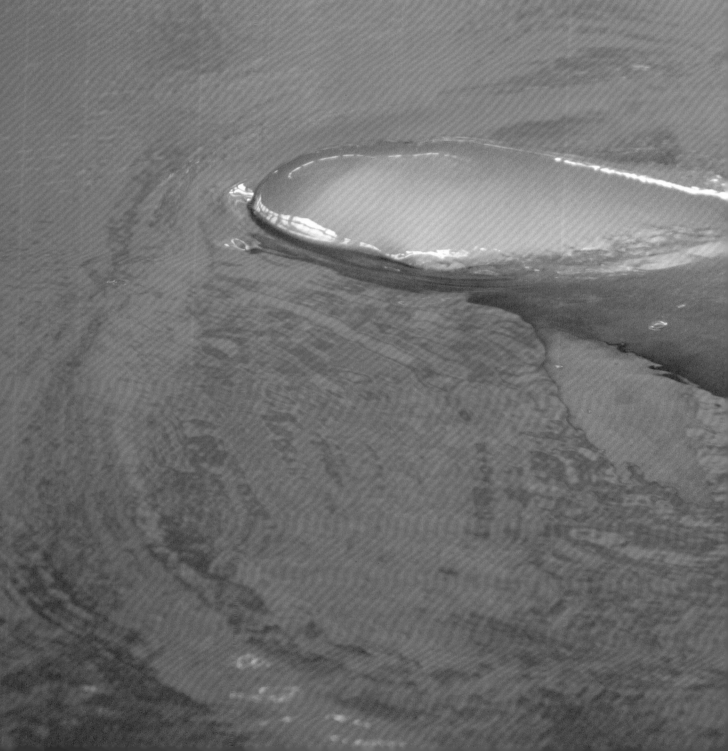

2006年底妈妈又"有喜"了。2007年6月2日，我的弟弟"乐乐"也来到了这个世界。这次妈妈的分娩过程相当顺利，但就在这之后，她的老毛病又犯了。早在三年前，妈妈患上了胃病，虽然采取了相应的治疗措施，但消化系统功能紊乱的毛病一直时好时坏。生下弟弟后，妈妈身体虚弱，摄食量下降，消化功能紊乱加重，泌乳逐渐减少。

"孩子，妈妈背背你！"（2007年）

弟弟"乐乐"吃奶可馋坏了哥哥"淘淘"（2007年）

"妈妈，抱抱！"（2007年）

　　工作人员采取了强心、补水、补盐和补充营养等措施，但未见明显好转。2007年7月11日晚，在治疗过程中，妈妈因身体虚弱，出现了强烈的应激反应，呼吸短促，身体颤抖，随即停止了呼吸，永远离开了我。

　　两年内产下两子，人们给我妈妈冠上了"伟大母亲"的称号。妈妈的离去，使他们感到亲人逝去般的悲痛和忧伤。天天和我们朝夕相处的小敏博士留下了悲伤的泪水。

　　妈妈的突然去世，让人们措手不及，也让弟弟"乐乐"一下子处于危机状态。一般情况下，江豚要依赖母乳生活三个月后，才能正常进食。刚刚满月不过11天的"乐乐"尚未断奶，没有了母乳，他的生存就"凶多吉少"了。

　　科研人员担心我这个不成熟的哥哥会欺负"乐乐"，将我们弟兄两个分离开。"乐乐"被单独移到治疗池中，进行人工授乳。没了妈妈的呵护，"乐乐"显得很焦虑，它游动的速度明显加快，叫声次数增多，像是在疯狂找妈妈。工作人员充当起"乐乐"的"奶妈"，他们将奶粉和鱼浆，混合在一起喂给"乐乐"。每隔两三个小时，给它喂一次。每次都由三名工作人员下入水中将"乐乐"抱住，以便给它喂奶。

　　然而，不幸最终还是降临了。由于人工配制奶液还是不太适合"乐乐"的需求，坚持了10多天后，"乐乐"最后还是因为体力不支而离开了。

　　母亲走了，带走了"乐乐"，留下了我。她留下更多的是人类对自然、对整个地球的思考——沉重的思考。

　　可喜的是，母亲"晶晶"走了，姨妈"滢滢"又给我们带来了希望。在我满三周岁的这一天，即2008年7月5日，姨妈又给我们这个家族增加了一个小弟弟。

2008年7月5日一大早，小弟弟就把尾叶伸出了妈妈的体外，迫不及待地想来到这个世界（2008年，白鱀豚馆）

"滢滢"分娩的一个个瞬间（2008年，白鱀豚馆）

"滢滢"分娩后3分钟，已可带着幼豚游动（2008年，白鱀豚馆）

7月5日上午8点33分顺利产出幼豚（2008年，白鱀豚馆）

天鹅洲——一个"鹊巢鸠居"的故事

天鹅洲——一个美丽的名字,位于湖北省石首市下游。环绕天鹅洲,长江在这里划了一个美丽的大湾。1972年,奔腾的长江将这个湾切割,形成了一个马蹄形的长江故道,称为天鹅洲故道。长江中游的这一段被称为下荆江江段,素有"九曲回肠"之称。这里的江水蜿蜒迂回,水草丰富,鱼儿肥美,是我们祖先和我们的朋友——白鱀豚的祖先十分喜爱的地方。考虑到我们的朋友白鱀豚的状况比我们还要糟糕,人们经过努力,于1992年利用天鹅洲故道建立了"湖北长江天鹅洲白鱀豚国家级自然保护区",希望把白鱀豚从环境日益恶化的长江干流迁移到这里,悉心照顾,等长江的环境变好了,再把他们放归长江。然而,计划没有变化快,保护区是建好了,"鹊巢"是筑起来了,白鱀豚却再也难见踪影。可怜的白鱀豚,同病相怜的伙伴,我们会步你们的后尘吗?我们和你们生活在同样的水域,共享同一片家园,也遭受同样的威胁,非法渔业、水体污染、水上交通、水利工程建设,这些夺走你们生命的恶魔也在同样吞噬着我们,出现在你们身上的悲剧也渐渐逼近我们。面对这样的情形,人们进一步觉醒了,他们想到了遭受相同厄运的我们,他们发誓不让我们的命运重蹈覆辙。人们把我的一些同类们从长江里引进到了天鹅洲保护区。他们住进了"鹊巢",似乎有点不雅,似乎有点无奈,但却是十分明智的一步,是改变我们命运的关键的一步!目前,这个保护区已更名为"湖北长江天鹅洲豚类国家级自然保护区"。

和谐自然的天鹅洲(2008年)

102

鹅　洲　故　道

江

天鹅洲上绿草如茵（2006年）

　　在整个长江生态日益恶化并且短期内不可能恢复的大背景下，天鹅洲保护区——人类精心为白鱀豚打造的庇护所，成了我那些幸运的同类们的新家。偏安一隅，虽然不能再次上下几千里畅游长江了，但至少可以让他们不再整日为命运忧心忡忡。在这里，鱼类资源丰富，他们不用再为填饱肚子而发愁了；在这里，非法渔业没了踪影，他们不用再为孩子们的安全担惊受怕了；在这里，没有螺旋桨湮灭一切的轰鸣声，他们不用再为躲避灾祸而疲于奔命了；在这里，水体污染得到控制，他们不用再担心死于非命了；在这里，他们与候鸟做伴，与麋鹿为邻，生活安稳，悠然自得。

　　从1990年我的第一批5个同类被引入天鹅洲故道开始，17年过去了，如今他们在这里形成了一个其乐融融的大家庭，30多个家庭成员个个健康快乐，他们也是整个长江江豚群体中唯一数量不断增长的种群，每年都会迎来2～3个新生命的诞生，惊喜写在他们脸上，也写在十数年如一日拯救我们的科学家、保护区管理人员的脸上。

　　目前，天鹅洲保护区内一个具有自我繁衍发展的长江江豚繁殖群体已初步建立，这是到目前为止世界上鲸类动物异地繁殖保护的唯一成功案例。2005年7月5日，万众瞩目的我在位于武汉的中国科学院水生生物研究所白鱀豚馆内出生并存活，成为世界上唯一一头在人工条件下自然繁殖成功的江豚。2007年6月2日，第二头小江豚我弟弟"乐乐"如期而至，给所有关注江豚命运的人们带来了信心。可喜的是，一系列的成功也赢得了世界范围内相关专家的信任与支持，越来越多的外国人士参与到江豚的保护与科研工作中来，保护我们的团队在不断壮大。

　　天鹅洲保护区，不单是我们的新家园，它与远在武汉的白鱀豚馆遥相呼应，成为中国鲸类动物保护的科研和繁殖中心，生活在这里的我的同类们也肩负着江豚家族的复兴大业。对我们的有效保护要建立在对我们的科学认识上，十几年的时间里，我们得到人类的悉心照顾，人类以我们为研究对象，也得到丰富的关于我们的科学知识。我们要定期体检，这不单是为了我们的健康，也是开展科研工作的需要。

　　江里长大的孩子撒野惯了，我那些生活在天鹅洲的同类们虽然知道人类的好意，刚开始也不那么配合，总不让工作人员轻易接近，四处乱窜，溅他们满身水花。于是工作人员很大的网子把他们围起来，然后再逐渐缩小包围圈，最后跳进水里来跟他们"赤膊相对"。哈哈，他们是水中的大王，根本不怕人们，漂亮的假动作，忽东忽西，等把人们折腾得筋疲力尽，自己也玩得尽兴了，才乖乖就范，让他们轻轻地抱住，稳稳地托起，小心翼翼地抬上岸。

　　这时，人们的脸上洋溢着欢笑。

　　量体长，哈哈，小伙子又长了。

　　称体重，哈哈，这家伙又胖了。

　　测体温，嗯，正常。

　　抽血化验，有点疼，不过，没什么，小菜一碟啦！

　　除了这些例行检测，有时候他们还亲自参与科学实验，科学家把生物信标固定在他们的身体两侧，放心吧，很小巧的信标根本不会影响他们在水中生活。安装完毕，他们要做的就是回到水里正常地生活，小小的信标会把他们在水下的发声、摄食、游泳、潜水等活动统统记录下来告诉科学家。

　　好是好，这样一来不是没有秘密可言了吗？

　　呵呵，不怕不怕，我们是人类的朋友，有什么好隐瞒的？

　　看来，天鹅洲这个美丽的"鹊巢"被我们占了，并非是件坏事儿。然而，长江——这个被人类活动占据的"大巢"何时能够回归到从前，成为我们与人类共享的家园？我想，总有一天，我的那些同类伙伴会带着妻儿老小，离开"鹊巢"，回到万里长江，续写万年传奇！

江鸥翔翔（2007年）

围捕江豚是为了对它们进行定期体检（2008年）

天鹅洲保护区内每年都有小江豚出生（2008年）

往日的辉煌与豪迈

曾经，在悠远绵长的历史长河里，我们就一直在畅游；在那个没有哺乳动物，而有开花植物和巨大恐龙的白垩纪，我们就一直在畅游，历经一亿四千万年之久。我们的历史也许只有更加长久的时间知道，我们的存在也许只有永不停息的大海知道。

曾经，在无数墨客骚人的笔下，我们是忍饥耐劳、千里寻根的中华儿女的代名词。即使客居万里之遥，也要不辞劳苦，踏寻亿万年来祖先留下的足迹，不惜千山万水、重重阻隔，回到养育自己的母亲河生儿育女。在昼夜交替、日沉星落的变换中，我们一直亘古不变地循着生于长江、长于大海的规律，伴随我们的只有惊涛骇浪。

曾经，在寒冷的水底世界，我们是巨大的、威风凛凛、无可匹敌。无论什么人第一次看到我们，都会被我们庞大和优美的身姿所震撼。我们是母亲河——长江最自豪和美丽的儿女之一。过去，每年的金秋，人们会被我们成群结队在汹涌的金沙江江面上浩荡前行的身姿所吸引。然而，这样壮观的场景已不再有，有的只是它背后艰苦的旅行和忧伤的故事——从大海到长江、从长江到大海的循环往复，每一个循环都是一次新的生命的开始和一个忧伤的故事的开始。长江是我生长和繁育的地方，大海是我成长和休憩的场所。每当我们抖擞精神，打起行装，准备踏上归乡的路途时，都是一个个故事的开始——爱情无价。

逆流而上　生命轮回

　　思念故乡、渴望爱情，自然的力量，先祖的遗传，无不指引着我们汇聚在一起，完成一个伟大的使命。

　　七八月份的长江口，当人们还在忍受难耐的酷热时，我们家族的队伍已经集结。较之从前，队伍的规模虽然小了很多，但并不妨碍我们即将回家的喜悦。享受完最后一次海水的温暖，我们迎着东流的长江水开始了征程。大口大口吞吐着长江水，新鲜的淡水刺激着我们的鳃，几年的等待和储备，只为这几个月的前进。

　　队伍在逆流中稳定前行，不需要指挥，不需要带领，即便长江水如今再也不复往日的清澈和干净。我们距离大海越来越远，这里没有柔软的海床和丰盛的食物，只有险滩、急流，但是我们没有退缩，用有力的尾鳍对抗着迎面而来的巨大水流，默默地前进、前进。我们的视力有限，加上长江水的混浊，当我们沿着江底前进时，长江给我们的感觉是一片单调和混沌的黑色，无论白天或黑夜。

　　长江两岸的高楼大厦和河面轰鸣的马达声使我们变得无奈和麻木。人类的文明和进步给我们带来了无穷的麻烦和几近灭顶的灾难，危险无处不在，可能是遍布水面的巨轮，也可能是一张水中结实地张开大嘴的巨网，甚至是一个简陋的填满炸药的酒瓶，它们都能致我们于死地，但这永远也改变不了我们回家的决心。更多的兄弟姐妹和我一起小心翼翼地躲避一个又一个的危险，互相伴随、互相指引，因为我们期待着回家，盼望着爱情的降临。我们心中的指南针和时钟永远不会欺骗我们，再有几天我们就会到达葛洲坝下的产卵场，而那里只能算是我们的第二故乡。

　　听爷爷奶奶讲过，很多年以前，他们跟随大部队一起穿过神奇美丽的三峡，在雄伟壮丽的金沙江畅游嬉戏的情景。那里水流湍急，江面开阔，更加适合我们的繁育，那里才是我们真正的故乡。1981年，长江被葛洲坝拦腰截断，我们必须为人类的文明和进步做出让步，不得不在葛洲坝下开辟了几个新的小型、简陋的产卵场，勉强繁衍后代。

　　我们的大部队终于抵达了目的地，尽管环境有些简陋，几十个兄弟姐妹仍欢快地游动，在水面上翻腾跳跃、互相追逐，甚至连水面上的水鸟和渔船上的人们也能感受到我们的快乐。我们是天生的近视眼，不能通过视觉彼此相认，但是我们能够区分同伴的动作，通过感觉来寻觅配偶。要迅速找到自己心仪的伴侣确实有一点难。过去，在我们的氏族中一直都是雄雌比例相当，然而现在由于环境的污染，雄性同胞数量大大下降，目前已经远远低于雌性的数目，所以每当一对伴侣接合成功，就意味着雌性寻求爱人的机会又少了一个。因此，每年都会有很多雌性同伴找不到爱人，无奈地返回大海，等待来年甚至是多年以后再次回归，寻求自己的挚爱。也有不少"痴女"会呆在产卵场一直到第二年的秋天，等待新的爱情降临。一对夫妇成功婚配后，会更加频繁地跃出水面，它们激情的场面会感染整个家族，到处都是热烈的二重唱！交配对于我们来说也不是那么容易，通常要耗费大部分的体力和精力，雄性需要耗费更大的体力来帮助爱人顺利产卵，完成生命延续中最重要的一步。

　　爱情很快就会开花结果，那是一个非常壮观和震撼的时刻。一对一对的父母在自己选定的区域互相缠绵，母亲排出的无数卵粒和父亲的精液混合在一起顺着江水洒落在产卵场的各个角落。偌大的产卵场到处都是一粒一粒晶莹的黑珍珠，它们如同漫天的雪花纷纷飘落，在降落的过程中迅速结合，形成一个个新的生命的开始。沙砾上、石缝中、草叶下、洞穴中，到处都可以看到新生命的踪迹。

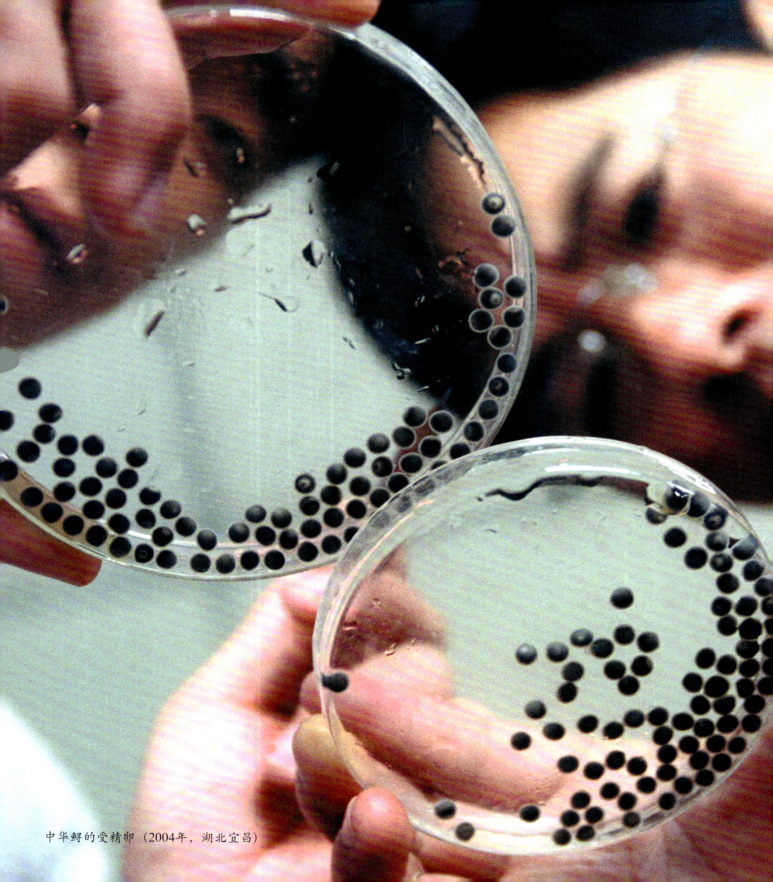

中华鲟的受精卵（2004年，湖北宜昌）

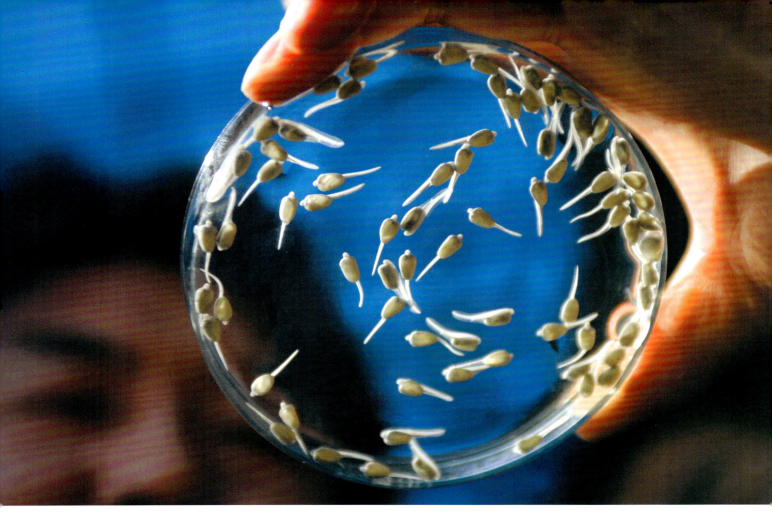

刚刚孵化出的中华鲟幼鱼（2007年，湖北荆州）

　　到此为止，父母的任务已经完成。从春天到秋天的旅途只为了繁衍后代的这几天，然后他们又马不停蹄地返回大海，甚至来不及看一眼自己的宝宝。每对父母都精疲力竭，他们毫无挣扎地随着江水顺流而下。分别总是忧伤的，父母们无法看到自己孩子出生的那一天，只能孤单地离开。接下来几个月的绝大多数时间里，他们还要忍饥挨饿，因为他们已经没有体力捕食了，他们要在身体里的脂肪耗尽的那一天到来之前回到大海。此时已经不见来时的盛景，三三两两的伙伴们无力地摆动着身体和鳍肢无声地前进着。

　　对于刚刚降临世界的新生命来说，真正的考验才刚刚开始。在深深的江面下，这些刚产下的卵根本没有任何活动能力。对也生活在长江中的铜鱼、黄颡鱼来说，我们的卵不亚于一顿丰盛的大餐。在我们的小生命出生前的一个星期里，无数的卵会成为这些鱼类的口中佳肴。有专家统计过，我们的母亲所产的每万粒卵里只有三粒能够真正长到成年，绝大部分卵和刚刚诞生的幼鱼几天内就会被吃光！

中华鲟仔鱼（2007年，湖北荆州）

几天以后，铜鱼们终于停止了杀戮，挺着大肚子慢吞吞地离开了产卵场。幸存的宝宝在缝隙中成长着，他们贪婪地吸收着卵黄囊中的营养。透过石头的缝隙可以明显地发现宝宝们的外形有了很大的变化，表面出现了很多纹路，有的已经可以看出鱼的形状包裹在卵中，还有些小宝宝甚至可以看到轻微摇摆的尾巴，清冽的江水不断刺激着他们快速生长。在这艰苦的一个星期里，他们逃过了天敌的屠杀和环境的迫害，终于熬到了出生的这一天。小宝宝们挣扎着从卵中破膜而出，使劲扭动着身体向水面上窜动。阳光洒在江面上，清新的风轻柔地拂着小生命的身体，呼吸了第一口空气，怒吼的江水立刻便把他们卷到了很远的地方。小宝宝们甚至没有时间欣赏一下故乡的美景便被无情地送入了入海寻觅父母的旅程。

　　而此时在遥远的长江下游，父母们已经快到山穷水尽的地步了。奔流的江水容不得他们多做停歇，庞大的身躯如今已经非常消瘦，可以清晰地看到凸出身体的5排菱形的骨板和异常不和谐的大脑袋。父母们头上尾下地随着江水一路向下，有些体力耗尽的同伴终于坚持不住，苍白的身体横在江边或者永远地沉入了江底。他们此时已经不在意任何敌人的存在和到来了，半闭着眼睛，身体大部分时间里都是僵硬的，但是他们继续前行，在滚滚的江水中一次又一次地增添他们平凡故事中顽强的一笔。

　　风突然变得和煦了，水突然变得温暖了，可以清晰地嗅到海的味道了。远处是熟悉的小岛，那里可以找到柔软的海床和丰盛的美味，父母们真的是饿极了，迫不及待地一头钻进大海的怀抱。在温暖的大陆架里，有伙伴、食物、新的生活，等到恢复了体力和活力的时候，新的旅途将会重新开始。

产后的中华鲟（2006年，北京海洋馆）

顺流而下　奔向海洋

　　父母们回到大海的同时，在远离大海的长江产卵场，无数的小生命正在为生活下去做着努力。他们费尽全力在水底的泥沙中寻找食物，那里有红色的水蚯蚓——他们幼年的主要食物之一，甚至是水草的碎屑也可以暂时充饥。他们幼小的心中一直有一个冥冥中注定的信念支撑着他们游向海洋。

　　小生命们还是那么的脆弱，一条稍微强大点的鱼就可以让他们从此丧命。天气一天比一天更冷，小家伙们的个头也逐渐长大。无数的小家伙们顶着大脑袋在水中一边赶路一边寻觅食物，他们在宽阔的江中欢快地随着队伍向下游前进，既不着急赶路也不互相拥挤。他们的身体健壮了很多，已经可以清晰地看到身体表面那5排标志性的骨板，虽然他们还很柔软，但已经足够震慑敌人。当然，每天也总有不幸的事情发生，几条弱小的小生命因为落后太多，已经很长时间没有东西吃，他们瘦弱的身躯根本跟不上大部队的速度，永远地留在了途中。

　　两岸的群山还是一片深红的时候，长江步入了冬天，天上下起了雪，江面上到处都是纷飞的雪花，水温也开始下降。在10米深的水底，小家伙们互相依偎着，慢慢地向前游动。冬天过去了，春天来了。他们并不知道自己已经进入长江的下游，就快要投入到大海的怀抱了。他们的个头又长大了很多，青黑色的脊背上，骨板更加明显的凸出来，嘴唇上已经可以清晰地看到4根小胡须，一路上经历过千难万险的小家伙们真的长大了。

　　天气越来越暖和，水里的食物也越来越丰盛。小家伙们再也不用为一日三餐发愁，个个肚子都圆滚滚的。漫长的旅途教会了他们觅食，狡猾的小鱼和螃蟹教会了他们用自己鼻子下的"雷达"寻觅追踪食物。

　　水的味道越来越涩了，但小家伙们很快就熟悉了这种味道，就好像他们生来便如此。远处，一个小岛越来越清晰地出现在视线里。小岛是个美丽富饶的地方，各种可口的美味让小家伙们暂时忘记了思念父母的忧伤。他们在小岛周围生活觅食，或许是在等待父母的到来。小家伙们已经长大到成年模样，他们皮肤黝黑，身体修长，披着威风的骨板，游动起来已经非常有气势了。

　　当越来越多的小家伙们意识到自己的父母就在更加广阔的大海中时，他们一头扎入大海的怀抱，分散开来各自寻找自己的父母。熬过了深秋、严冬、初春的漫长旅途，在进入大海的时候，天敌的捕杀、大自然的苛刻、人类的残酷，一切都仅仅是回忆，是充满了欢乐和痛苦的往事。

人工繁殖放流
——凤凰涅槃或无奈的选择？

　　从大海到长江，从长江到大海——中华鲟这种重复了数亿年的生命链条，到今天由于长江环境的巨变，已经越来越脆弱，某些环节甚至即将断裂。造成今天局面的始作俑者是人类，而试图改变这个局面，挽救这个生命链条的也是人类。人们为了弥补由于葛洲坝建坝切断了中华鲟生殖洄游路线而造成的损失，将聚集于葛洲坝下游无法向上游洄游繁殖的成熟中华鲟，捕捉上岸，进行人工催产、人工授精、人工培育幼鲟，又把人工繁殖的幼鲟放回长江。他们年复一年地繁殖，年复一年地放流，前后已经二十多年了。最近，他们还把产卵后的成年鲟，专门不远千里运到北京海洋馆，进行产后康复养护。恢复体能的个体又放回长江，游向大海。还有一部分人工繁殖的后代，留在了人工饲养场里，个体已与他们的父母相差无几，身体正发育成熟。在不久的将来，有可能他们也会成为父母，产下后代（科学上称作"子二代"）。这也许是这个生命链条的重建——凤凰涅槃，也许是无奈的选择，也许……

人工放流中华鲟仔鱼（2008年，湖北荆州）

给刚刚捕到的中华鲟体检（2004年，湖北宜昌）

扬子鳄篇

CHINESE ALLIGATOR

扬子鳄（Chinese alligator, *Alligator sinensis*），亦称作鼍，俗称猪婆龙、土龙，是中国特有的一种鳄，也是世界上体型最小的鳄之一，成年扬子鳄体长很少超过2.1米，一般只有1.5米长，成体重量约36公斤。扬子鳄身体分为头、颈、躯干、四肢和尾。全身皮肤革质化，覆盖着革质甲片。背部呈暗褐色或墨黄色，腹部为灰色，尾部长而侧扁，尾长与身长相近，有灰黑或灰黄相间条纹。四肢较短而有力。头扁，吻长。扬子鳄虽然生活在水中，分类上却属于爬行动物。它主要分布在长江中下游地区。扬子鳄既是古老的，又是现在生存数量非常稀少、濒临灭绝的爬行动物。在扬子鳄身上，至今还可以找到史前爬行动物——恐龙的许多特征。所以，人们称扬子鳄为"活化石"。扬子鳄被列为国家一级保护动物。目前，我国还在安徽、浙江等地建立了扬子鳄的自然保护区和人工养殖场。扬子鳄人工繁殖已获成功，其重返大自然的研究正在进行当中。

悲惨命运

我是一条在人工环境长大的雄性扬子鳄，有幸被挑选为"野外放归"的对象，和其他5位同伴一起被放归到安徽省的一个林场，在野外过着自由自在的生活。经历了在人工条件下孵化、长大，再放归到野外自己生活的过程，我觉得很有必要向大家讲讲我们扬子鳄家族的历史、濒危现状，以及人类为了挽救我们这一珍稀物种所做的各种努力，包括人工饲养、繁殖、再到野外放归的过程，每一步都充满着艰辛。

首先声明一下，我和前面介绍的白鳍豚、江豚和中华鲟几位兄弟是不一样的。虽然我们的日常生活都离不开水，但不像他们那样是完全水生，我是可以离开水而生存的。只不过大多数时间在水里生活，形成了一些适应水中生活的特征，这也许就是为什么人们叫我"鳄鱼"的缘故吧。其实，我既不是鱼类也不是哺乳类，是介于它们之间的爬行类动物。

我们鳄鱼家族的历史久远，早在2.3亿年前的中生代我们的祖先就"盛行一时"，但真正进化成现在这般模样是在7000多万年前的中生代晚期。听说我们的祖先与恐龙还带点亲戚关系，只可惜恐龙没能经受住冰川时期严寒的考验而灭绝了，而我们的祖先却幸运地躲过了这场浩劫，是名副其实的"孑遗物种"。

中国民间将我们视为"龙"的一种，充满着神秘的色彩，这是因为我们在外貌上非常像传说中的"龙"，老百姓都叫我们"鼍龙"、"土龙"或"猪婆龙"。目前，我们鳄鱼大家族还有23种生活在地球上，都不同程度的濒危，而我们扬子鳄却是最为濒危的物种之一。

我们家族世世代代都生活在长江流域，曾经分布广泛，栖息于长江中下游的河流两岸、湖泊、沼泽、丘陵水库、山涧地等的芦苇滩地、竹林及杂草灌木地带。后来由于长江流域经济的发展，人口的膨胀和人类活动的加剧，我们的栖息地遭到严重的破坏。人类开垦荒地时捣毁我们的洞穴、卵，捕杀幼小的鳄鱼，加上人类当时对保护珍稀野生动物的意识不强，我们被大量地捕捉、出售，甚至于乱捕滥杀；同时，由于水源污染，干旱和洪涝等自然灾害频繁发生，迫使我们迁往其他的地方寻找栖息之所。总之，我们生存的空间在一步步地缩小，种群数量也急剧地下降，现在残存的一些野生个体仅限于浙江、江苏、安徽三省交界处的狭小区域。20世纪80年代的调查显示，野生种群的数量约为500条。随后的几次调查发现，野生种群数量在逐年减少。2005年由中外专家组织的联合调查表明，野生个体已经只有120条左右了，而且绝大多数是老年个体，零散分布在44 300公顷的保护区内，个体间缺少必要的交流。加上野外环境恶劣，孵化成功率非常低，现在基本上在野外看不到幼年个体。因此野生扬子鳄种群是一个逐渐消亡的群体，濒临灭绝的边缘。

半自然环境中的扬子鳄（2006年，安徽宣城）

生活习性

　　我们是鳄鱼家族里比较矮小的成员，一般能长到1.5～2.0米长，也有些哥们儿能长到2米多，不如非洲尼罗鳄和美洲鳄的体型那么巨大，也不像尼罗鳄和美洲鳄那样凶狠。我们个头小，也比较胆小，性情比较温顺，大多时候见到人类和其他的大型动物都会主动躲避。我们在被别人惹火时，才会为了自卫去攻击别人。并非所有的鳄鱼都是很凶残的，至少我们扬子鳄不是。

　　我们的样子虽不十分好看，却也非常有用，这都是在进化过程中适应环境变化的结果。我们的头部很敦实，这主要是为了适应在杂草丛生的环境中捕获猎物。捕食的时候，经常在草丛里一动不动地等待好几个小时，直到有猎物经过时，突然侧身张嘴咬住不放，通常是连草、枯枝烂叶一起咬住，在确定猎物死了之后再吞食；有时遇到大点的猎物就将它们先拖到水里，确定它们淹死之后再撕食。头部的另一大作用是打洞，因为冬天太冷，我们冷血动物要冬眠才能度过严冬，所以我们要学会打洞的本领。在打洞的时候，先用头往土里钻，然后再用爪将洞里的土扒到洞外。打好的洞穴内错综复杂、纵横交错，像个迷宫似的，具有出、入洞口，还有适合各种水位的侧洞口，整个洞穴可长达数十米。正是这种地下迷宫帮助我们的祖先渡过了严寒的大冰期和寒冷的冬天，同时也帮助我们逃避了敌害而幸存下来。

　　我们的皮肤很粗糙，体被角质硬鳞，这样可以减少体内水分的蒸发，从而在一定程度上摆脱了水的束缚，离开水到陆地上生活；还能避免在灌木丛中穿行时被划伤。四肢不是很发达，在爬行时需要腹部着地来弥补四肢的乏力，给人们以行动笨拙的感觉。尾巴是我们维持身体平衡的平衡器，同时也是我们在水里游泳时的推进器。游泳时我们将四肢伸直紧贴在身体两侧以减少阻力，在水面停留时就将四肢平伸以增加浮力。

　　因为是冷血动物，我们需要借助外界的能量来维持体温。每天早晨，太阳升起时，我们就爬上岸晒太阳。晒太阳时双眼微闭，处于半睡眠状态，懒洋洋地一动不动达几个小时。夏天随着中午的临近，地面的温度越来越高，耐受不了我们会爬回到水中降温；到下午四五点钟，岸上的温度舒服了，我们又会爬上岸晒太阳，就这样来回在水一陆地之间调节体温。夜间水温较高，基本上都呆在水里。每年的10月，天气变冷，我们就钻进洞里冬眠不出来了，在洞里度过漫长的冬眠期，直到第二年的4月份外界气温变暖和了才出眠，差不多有半年之久。

叠罗汉，晒太阳（2006年，安徽宣城）

漫长的冬眠期消耗尽了我们储存在体内的能量，刚刚从冬眠中苏醒过来时，首先要全力以赴四处寻找食物来补充体能。我们是夜行性动物，白天要么在洞穴里，要么爬到洞穴附近的沙滩上晒太阳，主要在夜间到处寻找食物。最爱吃的食物主要是螺、蚌、鱼、虾、水鸟、野兔、蛇、青蛙等小型动物。我们的食量很大，能一次吃下很多食物；同时也有很强耐饥饿的能力，几个月不吃不喝都没有问题。能不吃不喝度过漫长的冬眠期，这是因为我们能把平时吸收的营养物质大量地贮存在体内，以备不时之需。

　　在平时，我们每条扬子鳄都是独居的，拥有自己的洞穴。洞穴周围就是我们独自的领地，需要经常巡视，防止和驱赶别的入侵者。大多的时候我们是通过吼叫声来宣示自己的领地，警告其他个体不要靠得太近，这样就不需要四处巡视了，既可以节省能量，又能起到维护自己领地的作用。

　　5月底繁殖季节来临时，雌、雄鳄就外出寻找配偶交配，这时的吼叫声就起到宣示个体间位置的作用，寻着吼叫声的方向就能找到异性，经常有很多鳄鱼聚集到同一个水塘进行交配。交配期大约一个月左右，延续到6月中下旬。交配完后雌、雄鳄各自离开，回到自己的领地。交配后的10～25天，雌鳄开始寻找适合的位置营巢。

巢址的选择十分重要，这将影响到以后卵能否正常孵化。7月上中旬是产卵期，临产前雌鳄爬上巢顶，用前肢或后肢轮流挖洞，然后将卵产在洞内。产完卵后，再用四肢拔草将卵覆盖。每窝卵数在20枚左右，最多的可达52枚。接下来就是两个多月的孵化期，一般在7～9月份。卵完全靠阳光和巢材腐烂产生的热量自然孵化。有时候天气干燥，母鳄就会到水里将身体打湿，再爬到巢上用身体上的水来保持巢内的温度和湿度，一天要来回好多次。鳄卵孵化的成功与否与巢内的温度和湿度有直接的关系，野外的环境多变，在干旱或是多雨的年份里，卵的孵化率就非常低。孵化期母鳄都守护在巢的附近，防止任何同类和其他别的生物靠近。这时候的母鳄是最凶猛的，通常是入侵者还未靠近就会被她所发出的可怖的"呼！呼！"声所吓退。经过60～70天的孵化，到9月份，雏鳄终于破壳而出了。刚出壳的雏鳄就会发出"咕！咕！"的叫声，吸引母鳄前来扒开巢材方便自己从巢内出来。

　　经过4个多月的繁殖期，这时的母鳄基本耗尽了储存在体内的能量，接下来就是要在严冬到来之前，寻找食物，储存足够的能量度过更为漫长的冬眠期。10月份，外界已经很冷了，我们大部分时间都躲在洞里不出去，除非是天气特别好，艳阳高照的时候才会从洞里爬出来到岸边晒一会儿太阳。10月下旬基本上就进洞冬眠不出来了，直到第二年的4月份。

人工饲养　繁殖

　　野生扬子鳄种群数量逐年衰减，是一个逐渐消亡的群体。为了保住我们这一珍稀的物种，改变我们濒临灭绝的状况，人们采取了一系列的措施。早在1972年我们就被列为国家一级保护动物；1973年濒危野生动植物国际贸易公约又将我们列入重点保护动物名录，严令禁止贸易；1982在安徽南部的广德、宣城、南陵、郎溪和泾县五县市建立了自然保护区，1988年被批准升级为国家级自然保护区，以加强对野生扬子鳄的保护。

　　为了更好地挽救、恢复我们这一珍稀古老的物种，科学工作者们又开始进行扬子鳄人工饲养、繁殖的研究。1979年国家投巨资在安徽宣城修建扬子鳄饲养场，1982年更名为安徽省扬子鳄繁殖研究中心。经过科学工作者们多年的辛勤工作，1982年野生扬子鳄卵大规模人工孵化获得成功。又经过6年的努力，1988年由人工孵化出的扬子鳄开始产卵并成功孵化出第二代雏鳄，这标志着扬子鳄人工饲养、繁殖完成了鳄—卵—鳄的整个生活史的全过程，获得人工繁殖真正意义上的成功，从而使得我们这个物种摆脱了濒临灭绝的危险。现在，安徽省扬子鳄繁殖研究中心人工繁殖饲养的扬子鳄种群已经超过10 000条了，而且每年都能人工孵化出1000～2000条幼鳄。

刚刚出壳的扬子鳄有点儿不知所措（2007年，安徽宣城）

即将破壳而出的扬子鳄（2007年，安徽宣城）

人工饲养条件下的扬子鳄种群数量逐年增加，给繁殖研究中心带来了很大的压力，现在有些"鳄满为患"了，甚至在考虑对人工饲养的扬子鳄种群实行"计划生育"。

　　我就是一条1997年出生在安徽省扬子鳄繁殖研究中心的鳄鱼，记得刚出壳那会儿只有10多厘米长，傻头傻脑的，好奇地打量着这个陌生的世界。工作人员把我捧在手里，我就咬着他的手指不放，这也许就是我们的天性吧，看到有东西抓我就会咬它。只是那时我还没长出牙齿，算是给他们挠痒痒了。直到三四岁之前科研人员是分不清我们的性别的，只有我们自己靠灵敏的嗅觉才能分辨。而且，我们的性别不是由父母的性染色体决定的，而是由孵化时的温度决定的。在孵化温度低于30℃时孵出的全是雌鳄；32℃时孵出的有雌有雄，其比例约有5:1；高于34℃时孵化的全是雄鳄；在低于26℃或高于36℃时，卵全部死亡，这至今仍是一个没有解开的谜呢。

出生一年的扬子鳄（2006年，安徽宣城）

随后工作人员把我和同伴们放进一个室内的小水泥池子，这一呆就是大半年哦。有饲养人员定期来喂点儿小鱼小虾给我们吃，有的时候实在无聊，就和同伴们"叠罗汉"。到了第二年的6月份，工作人员才把我们转移到一个室外的水池。整个池子上方都用网罩着，这是因为我们还太小，经常有些水鸟把我们当成了食物，有网罩着就安全多了。每年的10月底天气变冷时，工作人员就会将我们全部转移到室内过冬，因为水泥池子没办法进行打洞来冬眠；直到第二年4月份，外面的气候变暖了，工作人员才又把我们从室内搬到室外的池子。每年的这两个季节是工作人员最忙的时候，你想想，10000多条啊，大部分都是成年个体，每条体重在20公斤左右，是一项非常大的工程。在我4岁的时候，工作人员将我们转移到了更大的饲养池，这时我已经60多厘米了，不再惧怕那些水鸟，也无需再用网罩着了。

　　在繁殖研究中心的日子很安逸，也很单调，除了吃饭就是"叠罗汉"晒太阳，偶尔也会在喂食的时候和同伴们发生一些争斗。虽然不必为食物发愁，但也有很多的困惑：难道我们一辈子都要待在这个狭小的池子了？繁殖研究中心高高的围墙外面到底是个什么样的世界啊？日复一日，不知不觉在繁殖研究中心生活10年了，直到今年6月份，我被挑选为"野外放归"的对象，和其他5位伙伴一起放归到安徽省郎溪县高井庙林场，才结束我的人工饲养生活，来到我向往已久的野外家园。

野外放归——机遇和风险同在

与人工饲养种群不断壮大的情况相反，野生扬子鳄种群的数量却在逐年下降，形势不容乐观。将人工繁殖饲养的扬子鳄放归到属于他们的野生环境，让他们在自然环境中繁衍生息——是扬子鳄人工繁殖研究的最终目的，也是对扬子鳄这一珍稀物种根本意义上的保护。

经过多方努力和协商，"野放计划"终于得以实施。最早于2003年首批放归了3条扬子鳄。我是2007年第三批被放归的。虽然野放的过程很简单，就是把我们从繁殖研究中心的饲养池搬运到天然池塘里，但在此之前科研人员可是做了大量的工作。

首先要做的就是挑选合适的野放点，经过科研人员们多次野外调查，最后选定了安徽省郎溪县高井庙林场作为主要的野外试放点。高井庙林场生态环境非常好，人类活动也少，以前就有扬子鳄的分布，是实施扬子鳄"野外放归"的理想场所。保护区管理局逐步恢复湿地面积，完成了生态湿地培植、营造食物链等工作，并投放了大量的鱼苗、虾、螺、蚌等饵料，为扬子鳄的放归进行了充分的准备。

其次为了确保放归的个体能够适应野外多变的环境，需要对每条放归的个体进行严格的体检。我们这次放归的6条扬子鳄可是从人工繁殖的1000多条子代扬子鳄中精心挑选出来的。要经过健康状况检测，不能有一点损伤、畸形；采集血样，进行亲缘关系鉴定，确保野放的个体间以及和以前野放的个体间都没有任何的亲缘关系。此外，还要进行为期一周的野化训练，这期间又有不少同伴被淘汰。

在野外放归之前，科研人员还要在每条扬子鳄的尾部安装无线电发射器，用来监测我们在野外的生活状况。放归之后，科学人员要跟踪监测至少一年的时间，了解我们适应野生环境、活动范围、捕食、打洞等情况。

利用浮萍作伪装的扬子鳄（2006年，安徽宣城）

　　2007年6月12日，这是个值得永远纪念的日子，这天我和其他的5位同伴一起被放归到高井庙林场。在经过一个简短的仪式后，科研人员将我放入到水塘里。初来乍到，感觉这里的风景真是不错，水可比繁殖研究中心的要清澈多了，也没有了繁殖研究中心游客的喧闹，能在这里生活真是太幸福了。陶醉归陶醉，我知道我身上的任务也是很艰巨的。首先，我要学会自己捕食猎物，再也没有饭来张口的日子了。虽然这里的食物很丰富，但抓活的鱼、蛙还没什么经验。有机会要向去年放归的大哥大姐们学习捕食技巧。还有就是在10月份到来之前要把自己的洞穴打好，不然整个冬天就要在水里挨冻了。听保护区管理局的人说，将来会放归更多的扬子鳄到高井庙林场，预计将来的10年内使这里的扬子鳄野生种群达到100条左右。看来这里将会有越来越多的同伴。

作者简介

张先锋 理学博士，研究员，博士研究生导师。1982年毕业于华中农业大学淡水渔业专业。1983年考入中国科学院水生生物研究所，先后获得理学硕士和博士学位。1984年至今，主要从事鲸类生态学、饲养与保护生物学研究。先后发表多篇研究论文和专著。多次赴国外访问和参加合作研究。曾获地球奖、武汉市环保大使等荣誉称号。在开展科学研究的同时，他敏锐地意识到，要保护珍稀物种，除了保存它们的标本材料、DNA等外，保存它们的图像也十分重要。本书正是在他的策划、主持和直接参与下完成的。与此书同时，他还主持编辑了一部介绍长江豚类美丽与忧伤的DVD专题片。

高宝燕 新闻学硕士，主任记者。1990年毕业于武汉大学新闻摄影专业。2007年获得武汉大学新闻学硕士学位。任《长江日报》摄影记者，以关注科技环保方面的报道见长。曾赴日本、韩国采访报道，2008年春又赴北极考察。荣获中国新闻摄影金眼奖、国际新闻摄影华赛银奖、中国新闻摄影年赛银奖等摄影奖项，还荣获地球奖、武汉市环保大使等荣誉称号。作为受母亲河长江水滋润而成长起来的新闻记者，她对长江有一份特殊的感情、眷念和关爱，她善于用镜头关注长江、关注长江中正在消失的生灵。她用柔弱的身体顽强地背起沉重的摄影包多次赴野外拍摄，本书是她呕心沥血倾心推出的一部力作。

王小强 实验师。1975年高中毕业。1980年至今，一直参加白鱀豚和江豚研究与保护工作。主要从事长江豚类照片、电影和录像摄录工作，为科学研究和境内外新闻媒体提供了大量第一手图像资料，他参加拍摄的专题片、科教片曾获多项国内外奖励。本书白鱀豚早期的珍贵影像多出自他的镜头。本书的推出，也完成了他多年的夙愿。

后 记 POSTSCRIPT

掠过这一个个瞬间，我们或赞美、或惊奇、或叹息、或遗憾。物竟天择，赞美上苍给我们造就了如此美丽的长江生灵！赞美之余，我们也掩饰不住内心的无奈和震撼——这一个个瞬间正在成为历史。

感谢历史为我们提供了机遇，使我们可能记录这一个个瞬间！我们由于工作的原因和个人的兴趣，不约而同地走到一起来了，拿起了镜头，拿起了笔，来记录、描述白鱀豚、江豚、中华鲟、扬子鳄的一个个瞬间，试图用镜头留住这些珍贵的长江濒危动物。

用镜头留住长江濒危动物——这个想法实际上在20多年前就朦朦胧胧地产生了。随着岁月的流逝，随着这些珍稀动物的逐渐消失，这个想法越来越清晰。然而，本书收录的照片，有黑白片，有彩色负片，后来逐渐发展到彩色反转片、数码照片。技术是进步了，照片是越来越清晰了，而白鱀豚却越来越少了，它的身影变得越来越模糊，正由"功能性灭绝"走向实际的灭绝！为此，我们感到了深深的危机，赶紧抢救过去的老照片，赶紧一次次奔赴长江、豚馆、保护区、养护场、繁育场、海洋馆，去搜美，去猎影，尽最大可能用镜头去留住这些美丽的生灵。谁也不敢保证今天白鱀豚的境遇就不会是明天江豚的、后天扬子鳄和中华鲟的。

本书照片的积累历时20余年，绝大部分照片是首次发表。本书积累、创作的过程，也是个心灵升华的过程。从书中那一幅幅珍贵的影像中不难发现，它们和我们一样能感觉到各种形式的爱，甚至比我们更懂得爱。对伴侣的精挑细选，对爱的追求，让白鱀豚不得不在江水中忍受孤寂；对妻子和后代的深情，让江豚爸爸口含食物隔着栅栏含情脉脉地望着刚生产的妻子带着才出生的儿子；对家的执着，让中华鲟不惜千山万水，忍饥挨饿，一定要回到母亲河里寻找爱情和家园；对生命的渴望，让外表威猛的扬子鳄温柔地看护着仔鳄破壳而出……

透过镜头，希望更多的人珍爱这些美丽的生灵。它们同我们一样也有快乐、友谊、爱情、悲痛、责任与忠诚；透过镜头，希望更多的人感悟到，我们应待它们如兄弟姊妹，因为如果长江里不再有它们的欢歌和身影，我们人类也将在寂寞与孤独之后不复存在！

一种生灵被冠以"濒危"，那是何等的不幸！镜头能留住它们的影像，让子孙后代看到长江里曾有过那么美丽的身影，镜头也能够警示人类克服妄自尊大，从而减慢它们灭绝的脚步。毕竟，我们要为这段历史负责，更要为将来负责。这就是我们要用镜头留住长江濒危动物的目的所在。

2008年8月8日